Ernährungs- und Therapiekonzept für Herrn K. Ernährungsassoziierte Erkrankungen

Ausgewählte Fallbeispiele

Anja Pfeiffer

Bibliografische Information der Deutschen Nationalbibliothek:

Die Deutsche Nationalbibliothek verzeichnet diese Publikation in der Deutschen Nationalbibliografie; detaillierte bibliografische Daten sind im Internet über http://dnb.d-nb.de abrufbar.

ISBN: 9783346729842
Dieses Buch ist auch als E-Book erhältlich.

IU Internationale Hochschule

Bachelor of Science (B.Sc.) Ernährungswissenschaften

Modul: Ernährungsassoziierte Erkrankungen – Ausgewählte Fallbeispiele

Ernährungs- und Therapiekonzept für Herrn K.

- Zweitversuch -

Fallstudie 1

vorgelegt von

Anja Pfeiffer

Studiengang

B.Sc. Ernährungswissenschaften

3. Semester

Eingereicht am: 31.03.2022

I. Inhaltsverzeichnis

Gender- Erklärung

Zur besseren Lesbarkeit der Arbeit wird auf die gleichzeitige Verwendung männlicher und weiblicher Sprachformen verzichtet. Es sind stets beide Geschlechter gemeint, wenngleich das generische Maskulinum verwendet wird.

II. Tabellenverzeichnis

III. Abbildungsverzeichnis

IV. Abkürzungsverzeichnis

BDEM	Bundesverband Deutscher Ernährungsmediziner e. V.
BEP	Beispielernährungsplan
DAEM	Deutsche Akademie für Ernährungsmedizin e. V.
DAG	Deutsche Adipositas Gesellschaft
DGEM	Deutsche Gesellschaft für Ernährungsmedizin e.V.
DGK	Deutsche Gesellschaft für Kardiologie-, Herz- und Kreislaufforschung e.V.
DMT2	Diabetes mellitus Typ 2
ETh	Ernährungstherapeut
GEB	Gesamtenergiebedarf
GU	Grundumsatz
HOMA- Index	Homeostasis Model Assessment
IDF	International Diabetes Federation
IR	Insulinresistenz
kvE	kardiovaskuläre Erkrankung
MetS	Metabolische Syndrom
NCD	noncommunicable diseases = nicht übertragbare Krankheiten
oGGT	oraler Glucosetoleranztest
PAL	physical activity level = Leistungsumsatz
SGED	Schweizerische Gesellschaft für Endokrinologie und Diabetologie
SGK	Schweizerische Gesellschaft für Kardiologie
TSH	Thyreoidea-stimulierendes Hormon
VDD	Verband der Diätassistenten Deutscher Bundes verband e. V.
VDOE	BerufsVerband Oecotrophologie e. V.

1. Einleitung und Zielstellung

Das Bild der Ernährung zeigt in Deutschland oft übervolle Teller und übergewichtige Menschen. Das Lebensmittelangebot war nie vielfältiger und die Zahl der Übergewichtigen nie größer (Becker & Leitzmann, 2018, S. 52). Nahrungsmittel wirken sich vor allem dann negativ auf die Gesundheit der Menschen aus, wenn sich zu der hohen Kalorienzufuhr Bewegungsmangel und zusätzlich ungesunde Lebensstilfaktoren dazugesellen (Schaller et al. 2016, S. 10). Dies führt zu einer vermehrten Entwicklung von Übergewicht und Adipositas. Adipositas gilt als ein Risikofaktor für die Entstehung nichtübertragbarer Krankheiten (noncommunicable diseases = NCDs), die besonders die Lebensqualität und Lebenserwartung beeinflussen. Zu den bedeutendsten NCD´s gehören, nach Einschätzung der Weltgesundheitsorganisation (world health organisation = WHO), Herz-Kreislauf-Erkrankungen, Krebs, Diabetes mellitus Typ 2 (DTM2) und Dyslipoproteinämien (Schaller et al., 2016, S. 4). Übergewicht und Adipositas entstehen multifaktoriell. Einige zu nennende Risikofaktoren sind Stress, Bewegungsmangel, Fehlernährung, familiäre Disposition und endokrine Erkrankungen (Berg et al., 2014, S. 17). Beachtenswert ist die Kombination verschiedener Erkrankungen, die auch als Metabolisches Syndrom (MetS) bekannt ist. Bei diesem treten insbesondere die abdominale Adipositas, DMT2 oder Insulinresistenz (IR), Hypertonie und Dyslipoproteinämien als Komplex auf. Hiervon sind laut Aussage der WHO bereits zwischen 20-30% der Europäer betroffen (Branca et al., 2007, S. 8).

Die Prävalenz von Übergewicht und Adipositas in Deutschland hat in den letzten zwei Dekaden stetig zugenommen. Nach Angaben des Robert Koch Institutes (RKI) waren in 2012 etwa 67 % der Männer und 53% der Frauen übergewichtig (Hahn et al., 2016, S. 745). Daten der Studie zur Gesundheit Erwachsener in Deutschland (DEGS 1) zeigen das ca. 23 % der Frauen und Männer im Alter von 18 bis 79 Jahren Adipositas aufweisen (Schienkiewitz et al., 2017, S.22).

In Bezug auf diese Problematik soll für Herrn K. in dieser Fallstudie ein individuelles Ernährungskonzept erstellt werden, mit dem Ziel die von ihm beschriebenen gesundheitlichen Beeinträchtigungen zu verbessern und langfristig zu stabilisieren. Herr K. suchte seinen Arzt aufgrund von Beschwerden wie Müdigkeit, Abgeschlagenheit und Kopfschmerzen auf und wird nunmehr ergänzend zur ärztlichen Behandlung in die Betreuung einer Ernährungstherapeutin (ETh) überwiesen.

Im Rahmen dieser Fallstudie wird zunächst der gesundheitliche Zustand des Herr K. umfassend beleuchtet und die zur Diagnosestellung ergänzenden Informationen oder noch abzufordernde Laborparameter ermittelt. Darauf aufbauend sollen ihm in der Beratung Möglichkeiten zur Umstellung und Optimierung seiner Ernährung aufgezeigt werden, um einen gesünderen Lebensstil zu entwickeln, um seine Beschwerden zu lindern und Folgeerscheinungen von bereits vorhandenen oder zukünftig erwartbaren Erkrankungen zu vermeiden. Um dem Patienten eine greifbare Empfehlung für seinen Alltag geben zu können, wird gemeinsam, in Anlehnung an sein Gewichtsziel, ein Beispielernährungsplan (BEP) zur Kostumstellung erstellt, der zu seinen Lebensumständen passt.

2. Analyse des Gesundheitszustandes des Herrn K. anhand vorliegender Daten

In der Hausarztpraxis erfolgte eine Anamnese des Arztes gemeinsam mit dem Patienten.

Der 48 Jahre alte Herr K. gibt an, dass er häufig unter Beschwerden wie Müdigkeit, Abgeschlagen-heit und Kopfschmerzen leide. Darüber hinaus klagt der Raucher, von bis zu 20 Zigaretten täglich, über geschwollene Beine unterhalb der Knie. Er übt in seiner täglichen 8-10 stündigen Arbeitszeit eine vorrangig sitzende Tätigkeit in einer Softwarefirma aus und treibt in der Freizeit keinen Sport. Die Haus- und Gartenarbeit übernimmt seine Frau. Er fühle sich gestresst, da sein Arbeitgeber unter wirtschaftlichen Schwierigkeiten leide und dies Auswirkungen auf seinen Job hat. Es isst unregel-mäßig, gern große Portionen und trinkt jeden Abend 3 Bier. Sein Vater ist Typ II Diabetiker, seine Mutter verstarb an einem Herzinfarkt, der Bruder leide an Hypertonie. Hauner und Wirth empfehlen weitere anamnestische Angaben zur Risikoabschätzung zu erheben. Zusätzliches Augenmerk soll auf Medikamente mit gewichtserhöhender Wirkung gelegt werden. Folgen sollte eine umfassende körperliche Untersuchung des Arztes mit Blick auf die Anthropometrie[3], die Labor- und apparative Diagnostik (Hauner & Wirth, 2013, S. 264-265). Dank dieser umfassenden Abklärung kann ein maß-geschneidertes Therapieangebot gemeinsam mit der ETh für den Patienten erarbeitet werden.

2.1 körperliche Untersuchung und Anthropometrie des Herrn K.

Der Patient weist die in Tabelle 1 dargestellten Parameter auf, die der ETh im Rahmen des Konsils mitgeteilt wurden und die Grundlage für ihre weitere ausführliche Anamnese, Diagnostik und die Beratung sind.

	Antropometrie	weitere erhobene Daten
Daten aus der körperlichen Untersuchung	✓ Größe: 1,72 m ✓ Gewicht: 103,0 kg ✓ Taillenumfang: erhöht	✓ Ödeme unterhalb der Knie ✓ Blutdruck: 140/95 mmHg ✓ Herz- & Lungenfunktion: normal ✓ keine Varizen vorhanden

Tabelle 1: Daten aus der körperlichen Untersuchung und Anthropometrie des Herrn K. – eigene Darstellung

Die anthropometrischen Angaben zur Größe und Gewicht sind die Grundlage zur Berechnung des Body Mass Index (BMI)[4]. Elmafda und Leitzmann führen dazu aus, dass Männer ab einem BMI von 30 kg/m² als adipös gelten. Es wird in drei verschiedene Adipositas-Stufen unterschieden (Elmafda & Leitzmann, 2019, S. 632-633). Gemäß der internationalen Klassifizierung des Körpergewichts bei Erwachsenen nach dem BMI (WHO, 2000, S.7) befindet sich Herr K. mit einem BMI von 34,8 kg/m²[(5)] im oberen Bereich der Stufe I der Adipositas, welche die Spanne des BMI von 30,00-34,99 kg/m² meint. Dies ist nach der S3- Leitlinie der DAG therapeutisch zu behandeln (Berg et al, 2014, S.37). Aufgrund unterschiedlicher Zusammensetzung der körperlichen Strukturen ist der BMI allein nicht zwingend aussagefähig (Biesalski et al. 2020, S. 364). Die beschriebenen Ödeme des Herrn K. könnten das Gewicht und damit den BMI zu hoch erscheinen lassen. Beides sollte nach deren Be-

---

[3] Anthropometrie meint Größe, Gewicht, Taillenumfang oder Blutdruckmessung (Hauner & Wirth, 2013, S. 264), wird zum indirekten Fazit der Körperzusammensetzung genutzt (Biesalski et al., 2020, S. 364).
[4] BMI ergibt sich nach Biesalski et al. aus dem Körpergewicht dividiert durch das Quadrat der Körpergröße und wird in kg/m² angegeben (Biesalski et al., 2020, S. 364).
[5] BMI Herrn K wird berechnet: (103 kg :(1,72m)²) = 34,8 kg/m2

handlung erneut erhoben werden (Krawinkel, 2018, S. 733). Somit reicht die Aussagekraft des BMI allein nicht aus, um das Risiko für schwerwiegende Folgeerkrankungen individuell zu quantifizieren.

Vielmehr ist der Taillenumfang des Herrn K., als Maß für das abdominale Fettgewebe, relevant (Hauner & Wirth, 2013, S.265). Ab einem Umfang von 94 cm ist eine mäßige, ab 102 cm eine deutliche, Risikoerhöhung für kardiovaskuläre und metabolische Krankheiten festzustellen (WHO 2000, S.11). Der Taillenumfang von Herrn K. wird als erhöht angegeben, die Angabe jedoch fehlt. Hier ist eine genaue Messung im Rahmen der vertiefenden Betreuung durch die ETh nötig. Der Umfang des abdominalen Fettgewebes ist entscheidend, da dies ursächlich an der Entstehung des MetS beteiligt ist. (Schek, 2017, S.206) Der Blutdruck bei der Einzelmessung entspricht, gemäß den ESC- Pocket Guidelines, mit 140/95 mmHg einer Hypertonie 1. Grades. Ob jedoch nachhaltig eine Hypertonie vorliegt, sollte mittels wiederholender häuslicher Messung oder 24-h Blutdruckmessung validiert werden, da ein Einzelwert durch Aufregung des Patienten erhöht sein kann (Deutsche Gesellschaft für Kardiologie-, Herz- und Kreislaufforschung e.V. (DGK); Deutsche Hochdruckliga e.V. (DHL), 2018, S. 11, S17-18). Der Verdacht auf eine manifeste Hypertonie, kann jedoch aufgrund einer familiären Vorbelastung, dem beruflichen Stress, der geringen Bewegung, der suboptimalen Ernährungsweise und dem regelmäßigen Alkoholkonsum, entstehen, da diese alle als Risikofaktoren gelten (RKI, n.d.; Altiok et al., 2018, S. 165f).

2.2 Vorliegender Laborparameter und mögliche Verdachtsdiagnose

Der Arzt des Herrn K. hat bereits einen Laborwert zur Bestimmung der Blutfettwerte erhoben. Dieser Parameter- der Triglyzeridwert- ist mit 2,0 mmol/L erhöht und ein Risikofaktor des Metabolischen Syndroms (MetS) (International Diabetes Federation (IDF), 2006, S. 10). Es gibt keine einheitliche Definition für das MetS. Die IDF hat notwendige Parameter zum Vorhandensein klassifiziert, wonach mindestens 3 dieser Punkte erfüllt werden müssen (Alberti et al., 2009, S.1642; Hahn et al., 2016, S. 755). Sie sind in der nachfolgenden Abbildung dargestellt.

- ✓ Abdominale Adipositas mit Taillenumfang ≥ 94 cm bei Männern und ≥ 80cm bei Frauen
- ✓ Hypertriglyzeridämie ≥ 150mg/dl (≥ 1,7 mmol/L)
- HDL- Cholesterin Männer < 40 mg/dl (1,03 mmol/L), Frauen < 50mg/dl (1,29 mmol/L)
- Erhöhter Nüchternblutzucker ≥ 100 mg/dl (5,6 mmol/L) bei beiden Geschlechtern
- Hypertonie von ≥130 mmHg systolisch und ≥ 85 mmHg diastolisch geschlechtergleich

Abbildung 1: Diagnosekriterien MetS in Anlehnung an die benannten Quellen – eigene Darstellung

Neben der abdominalen Adipositas und der Hypertriglyzeridämie des Herrn K., rückt der Risikofaktor Hypertonie in den Fokus. Sollte sich die, aufgrund weiterer Messungen tatsächlich nachhaltig bestätigen, würde dies allein schon zur Bestätigung der Verdachtsdiagnose MetS führen (Hermann, n.d.; Elbelt 2018, S. 661). Häufig führt darüber hinaus eine IR in Kombination mit Bewegungsmangel und Energieüberschuss zu Adipositas und öffnet damit den Weg zum MetS. Kommen dann noch Hypertonie oder Dyslipoproteinämien, was erniedrigte HDL- Cholesterinwerte und erhöhte Triglyzeridwerte meint, dazu, ist die Diagnose MetS bestätigt (Elbelt, 2018, S. 661).

Ein individuelles Beratungskonzept mit Therapie – und Ernährungsempfehlungen für Herrn K bedarf zusätzlicher Informationen, wie die Erhebung und Analyse weiterer Laborparameter. Beachtung finden sollten hierbei Erkrankungen der Niere, Schilddrüse oder Leber. So werden ebenfalls weitere Störungen wie die Hyperurikämie, die Mikroalbuminurie und auch chronische Entzündungen mit dem MetS assoziiert (Berg et al., 2014, S. 19).

2.3 Ergänzend benötigte Laborparameter zur Sicherstellung der Verdachtsdiagnose

Zur weiteren Einschätzung des Gesundheitszustandes wird die ETh den Arzt beauftragen, im Hinblick auf die bekannte Familienanamnese von Herrn K., folgende Serumwerte zu überprüfen:

Parameter /zu untersuchender Funktionsbereich	zu erhebene Laborwerte mit Zielstellung
Lipidwerte	Serum: **Gesamtcholesterin, LDL- Cholesterin, HDL- Cholesterin, LDL/HDL- Quotient** zur Evaluierung einer Dislipoproteinämie (Berg et al., 2014, S. 39) Serum: **Lipoprotein(a)** zur Einschätzung des Risikos für kardiovaskuläre Erkrankungen (kvE) (DGK/ESC/EAS Pocket Guidelines 2019, S. 28-29)
Schilddrüsenwerte	Serum: **Thyreoidea-stimulierendes Hormon (TSH)** und **fT4 – Wert** zum Ausschluss einer Hypothyreose (Pilz et al. 2020, S. 88)
Leberwerte	Serum: **γ-GT, Alanin- Aminotransferase (ALAT = GOT), Aspartat- Aminotransferase (ASAT = GPT), Bilirubin, alkalische Phosphatase & C-reaktives Protein** zum Ausschluss von Alkoholschäden, Cholestase, toxischen Schäden oder einer Steatose (Gillessen, 2016, S. 10, Keerl & Bernsmeier, 2020, S.373)
Nierenparameter	Serum: **Kreatinin, Harnstoff und Elektrolyte (Natrium/Kalium)** zum Ausschluss einer Niereninsuffizienz (Berg et al. 2014, S. 39) Serum: **Harnsäure** zum Ausschluss einer Hyperurikämie (Elmafda & Meyer, 2021, S.17-18) Urin: **Albumin/Kreatinin- Ratio** zur Abklärung Proteinurie (Bischoff, 2018, S. 637)
Blutglukosewerte	Serum: **Nüchternplasmaglukose, HbA1c- Wert** im Rahmen der Grunddiagnostik zu DMT2, **HOMA- Index** zur Bestimmung der IR (Bischoff, 2018, S. 636), ggf. in der Folge **oGTT- Test** bei erhöhten Blutzuckerwerten im Serum (≥200mg/dl; ≥11,1 mmol/L) (Hahn et al. 2016, S. 786)

Tabelle 2: Zu erhebende Laborparameter mit Zielstellung - eigene Darstellung in Anlehnung an die genannten Quellen

Fokus soll auf die Lipidwerte des Herrn K gelegt werden. Der bereits festgestellte erhöhte Triglyzeridwert hängt eng mit Adipositas, dem DMT2 und dem MetS zusammen (Parhofer & Laufs, 2019, S.825). Eine Hypertriglyzeridämie erhöht in Kombination eines LDL/HDL-Quotienten > 5 die Gefahr für kardiovaskuläre Erkrankungen (kvE) um das 6 fache und sollte, insbesondere vor dem familiären Hintergrund des Patienten, untersucht werden. Erhöhte Lipidwerte im Serum bedingen besonders die Gefahr einer Atherosklerose, wobei Untersuchungen zeigen, dass mit einer Serumcholesterinkonzentration >200 mg/dl dieses Risiko linear anzusteigen scheint (Hahn et al., 2016, S. 844). Insbesondere ein erhöhter LDL- Cholesterinspiegel in Kombination mit einer möglichen IR scheint ein deutliches atherogenes Risikopotential zu haben (Ravarani et. al, 2017, S. 36). Lp(a) sollte ebenso bestimmt werden um Menschen mit einem hohen erblich bedingten Lp(a) Spiegel zu identifizieren. (DGK/ESC/EAS Pocket Guidelines 2019, S. 28-29) Dies ist bei Herrn K in jedem Fall angeraten. Herr K. klagt über Müdigkeit, Abgeschlagenheit und zeigt deutliches Übergewicht. Zum Ausschluss einer Hypothyreose dieser sollten TSH als auch fT4 bestimmt werden (Pilz et al. 2020, S. 88). Die vom Patienten beschriebenen Ödeme, seine Müdigkeit und Kopfschmerzen können verschiedenste Ursachen haben. Langes beruflich bedingtes Sitzen kombiniert mit zu wenig sportlicher Betätigung kann zu physiologischen Ödemen führen. Auch können Minderfiltrationsleistungen der Niere die

Ursache sein. Um ein nephrotisches Syndrom oder eine chronische Niereninsuffizienz auszuschließen sollten die in der Tabelle genannten Parameter erhoben werden (Silbernagl & Lang, 2020, S. 126). Insbesondere die Peptidhormone des Fettgewebes von Herrn K. können zur Inflammation, oxidativen Stress und IR beitragen, welches zu krankhaften Veränderungen der Niere führt (Deutsche Gesellschaft für Nephrologie e.V., 2018) Erhöhte Harnsäurewerte im Rahmen einer Hyperurikämie sind ursächlich für die Entstehung von Gicht und könnten durch alkohol- und purinarme Kost vermindert werden, auf die die ETh im Rahmen ihrer Empfehlungen eingehen kann (Elmafda & Meyer, 2021, S. 17-18).

Um eine schwerwiegende Schädigung der Leber durch Alkohol oder hyperkalorischer Ernährung beurteilen zu können, sollten die in der Tabelle genannten Laborparameter erhoben werden.

Da der Vater von Herrn K. Diabetiker Typ II ist, empfiehlt sich zunächst die Bestimmung der Nüchternplasmaglukose. Zeigen sich erhöhte Normwerte, wird dies mit einem oralen Glukosetoleranztest (oGTT) verifiziert. Ergänzend dazu sollte der Langzeitblutzuckerwert - HbA1c des Patienten erfasst werden und zur Bestimmung der IR sollte der Homeostatis Model Assesment (HOMA Index)[5] errechnet werden (Bischoff 2018, S. 636).

2.4 Beurteilung des Gesundheitszustandes als Grundlage für das Therapiekonzept

Gesichert weist Herr K. eine Adipositas 1. Grades mit abdominalem Fettverteilungsmuster auf. Hinzu kommt eine Hypertriglyzeridämie und als weiteres Risiko die mögliche Hypertonie. Diese Faktoren lassen das Vorhandensein eines MetS als mutmaßlich erscheinen. Sein Rauch- und suboptimales Ernährungsverhalten inklusive dem täglichen Alkoholkonsum, sein Bewegungsmangel sowie eine genetische Prädisposition im Bereich DMT2 und kvE, begünstigen das Entstehen weiterer Stoffwechselerkrankungen, wie die IR und DMT2, Hyperurikämie (Gicht), Fettleber sowie weitere kvE, z.B. die koronare Herzkrankheit (Hauner et al. 2019, S. 394; Berg et al. 2014, S.19-25). Dies sollte Herrn K. in der Ernährungstherapie verdeutlicht und ihm Wege zur Prävention aufgezeigt werden.

3.Therapiemaßnahmen im Rahmen der Ernährungsberatung

Nachfolgende Leitlinien werden bei der Erstellung des Ernährungs- und Therapiekonzeptes, aufbauend auf den im Kapitel 2 durchgeführten Analysen und eingeholten Informationen zu Herrn K., berücksichtigt:

- Interdisziplinäre Leitlinie der Qualität S3 zur „Prävention und Therapie der Adipositas" 2014 der Deutschen Adipositas Gesellschaft (DAG)
- Management der arteriellen Hypertonie, 2018 der Deutsche Gesellschaft für Kardiologie-, Herz- und Kreislaufforschung e.V. (DGK); ESC/ESH Pocket Guidelines
- Diagnostik und Therapie der Dyslipidämien, 2019 der DGK; ESC/ESH Pocket Guidelines
- Adipositas-Consenus 2016 der Schweizerische Gesellschaft für Endokrinologie und Diabetologie (SGED)
- Leitfaden Ernährungstherapie in Klinik und Praxis (LEKuP), 2019 der DGE*, VDD*, BDEM*, DAG*, DGEM*, VDOE* und DAEM*siehe Abkürzungsverzeichnis
- Diabetes, Prädiabetes und kardiovaskuläre Erkrankungen, 2019 der DGK; ESC Pocket Guidelines

Abbildung 2: verwendete Leitlinien – eigene Darstellung

[5] Der Homa-Index berechnet sich aus (Insulin (µU/ml) x Glucose (mg/dl)) / 405, Werte>2 sind ein Hinweis auf eine IR, Werte > 2,5 zeigen verlässlich eine IR (Bischoff 2018, S. 636).

3.1 Zielstellung der Ernährungsberatung und zu berücksichtigende Faktoren

Im Rahmen der Ernährungsberatung soll gemeinsam mit Herrn K. ein individuelles Ernährungs- und Bewegungskonzept erarbeitet werden, das er täglich umsetzen kann. Oberstes Ziel ist die Lebensstilmodifikation, verbunden mit der Reduzierung des Risikos für Begleiterkrankungen. Herr K. soll ausreichend geschult werden um die Gewichtsreduktion eigenständig zu bewirken und das Gewicht langfristig stabil zu halten (Hauner& Wirth, 2013, 270; Pschiebl, 2021, S.19). Adipositas ist ein sehr komplexes Themenfeld und zeichnet sich durch eine Mischung modifizierbarer und nicht modifizierbarer Faktoren aus. Die Therapie setzt daher am Verhalten, der Ernährung, der Bewegung und der psychologischen Situation des Patienten, in enger medizinischer Verzahnung, an (Durrer, 2016, S. 29). Wichtig ist, dass die Kommunikation mit Herrn K. patientenzentriert erfolgt. Rat gebende Formulierungen oder Bewertung des Geschilderten kann zum Gefühl der Bevormundung führen und schädigt die intensive Berater-Patienten- Bindung (Hauner &Wirth, 2013, S. 277).

3.2 Ausmaß der anzustrebenden Gewichtsreduktion im Rahmen der Basistherapie

Hinsichtlich der Motivation sollen ausgehend vom BMI und dem Gesamtrisiko gemeinsam realistische Behandlungsziele festgelegt werden. Die Gewichtsreduktion und die Reduzierung des Taillenumfangs auf unter 94 cm, ist zu empfehlen, da sein BMI ≥ 30 kg/m² beträgt (Berg et al. 2014, S. 29). Die S3- Leitlinie empfiehlt die Berücksichtigung eines Energiedefizits von 500 − 600 kcal/d, um einen Gewichtsverlust von 0,5 kg pro Woche innerhalb von 3 Monaten zu erreichen (Berg et al., 2014, S.47). Hauner und Wirth geben 500- 800 kcal/d als ideal an (Hauner & Wirth, 2013, S. 286). Nach Biesalski et al. ist die langfristig erwünschte BMI − Spanne für Männer in der Klasse von 45-54 Jahren mit 22-27 kg/m² angegeben (Biesalski et al., 2020, S. 174). Im Rahmen einer Stufentherapie sollte die ETh daher zunächst mit der Basistherapie, bestehend aus der Kombination moderat hypokalorischer Ernährung, Bewegungs- und Verhaltenstherapie, beginnen. In diesem ersten Schritt wird, gemeinsam mit Herrn K, der Gesamtenergiebedarf für sein Idealgewicht berechnet und im Hinblick auf die gewünschte Gewichtsreduktion modifiziert. Hierbei wird von einem Idealgewicht des Herrn K. von 71 kg und einem gewollten BMI von 23,99 kg/m ² ausgegangen. Zeigt dies nach 3-6 Monaten nicht den gewünschten Erfolg, soll eine Intensivierung mit weiterer Reduzierung der Energieaufnahme oder eine kurzzeitige sehr niedrigkalorische Kost, wie eine Formuladiät, erfolgen (Hauner und Wirth, 2013, S. 269-270). Diese ist jedoch nur unter ärztlicher Aufsicht und nach Abwägung der möglichen Nebenwirkungen, für einen kurzen Zeitraum ratsam (Bischoff, 2018, S. 638).

3.3 Berechnung Gesamtenergiebedarf auf Grundlage des Idealgewichtes

Der Gesamtenergiebedarf (GEB) von Herrn K. basiert auf dem langfristigen Gewichtsziel von 71 kg und ergibt sich aus dem Grundumsatz (GU)[6] und der Multiplikation mit dem Leistungsumsatz[7]

---

[6] Der GU deckt den Energiebedarf zur Erhaltung der physiologischen Homöostase (Kreymann 2018, S. 80).
[7] Der Leistungsumsatz = erforderliche Energie für körperliche und mechanische Arbeit. Die ergänzende Energiekomponente, die nahrungsinduzierte Thermogenese, wird aus Vereinfachungsgründen nicht berücksichtigt (Kreymann 2018, S. 80).

(Physical Activity Level - PAL). Dabei werden die verschiedenen PAL- Werte für unterschiedliche Aktivitätsgruppen genutzt. Zur Berechnung des GU wird die Formel nach Harris und Benedict für das männliche Geschlecht angewendet (Kreymann, 2018, S.83; Harris & Benedict, 1918, S 373):

<u>GU (kcal/d) = 66,473 + 13,752 x Idealgewicht (kg) +5,003 x Größe (cm) – 6,755 x Alter (Jahre)</u>

GU (kcal/d) = 66,473 + 13,752 x 71kg +5,003 x 172cm– 6,755 x 48 Jahre ≈ 1579 kcal/d

Für Herrn K. wird ein PAL von 1,4 für eine leichte, vorrangig sitzende Tätigkeit mit wenig oder keiner anstrengenden Freizeitaktivität angenommen. Begeistert er sich zu regelmäßigen sportlichen Aktivitäten, kann der PAL erhöht und mit 1,7 angesetzt werden (Weimann et al., 2019, S.50). Daraus ergeben sich zwei Berechnungen, die mit Herrn K. besprochen werden sollten.

Darstellung aktivitätsabhängiger Gesamtenergiebedarf (GUxPAL= GEB)	
1. Szenario: Ermittlung GEB bei 1,4 PAL	**1579 kcal/d * 1,4 PAL ≈ 2200 kcal/d**
2. Szenario: Ermittlung GEB bei 1,7 PAL	**1579 kcal/d * 1,7 PAL ≈ ca. 2680 kcal/d**
Im 2. Szenario sind zwingend 4-5 Mal in der Woche mit je 30-60 Min. sportliche Aktivitäten erforderlich (Elmafda & Leitzmann, 2019, S. 144).	
Darstellung Gesamtenergiebedarf zur Reduktion des Körpergewichtes	
1. Szenario: Ermittlung GEB bei 1,4 PAL	**2200 kcal/d - 500 kcal/d ≈ 1700 kcal/d**
2. Szenario: Ermittlung GEB bei 1,7 PAL	**2680 kcal/d - 500 kcal/d ≈ 2180 kcal/d**

Tabelle 3: Berechnung aktivitäts- und reduzierter GEB – eigene Darstellung

4. Individuelle Ernährungsempfehlungen für Herrn K.

Ideal wäre, wenn Herr K. zu Therapiebeginn ein Ernährungstagebuch führt, welches ihm und der ETh die bisherigen Ernährungsgewohnheiten wie Uhrzeiten, Menge und Struktur der Nahrungsaufnahme aufzeigt. (Durrer, 2016, S. 33) Auf dieser Basis kann dann sein Ernährungskonzept erstellt werden. Es kann mit geschickter Gestaltung der Nahrungszusammenstellung– wie dem Meiden von Lebensmitteln mit hoher Energiedichte zu Gunsten von Ballaststoffen und der fettärmeren Zubereitung, dass gewünschte Energiedefizit ohne deutliche Einschränkungen der Essmengen erreicht werden (Hauner & Wirth 2013, S. 286). Besser eignen sich zur Sättigung und dauerhaften Compliance Lebensmittel mit hoher Nährstoffdichte (Berg et al. 2014, S. 31). Alle genannten Leitlinien empfehlen Herrn K. eine Ernährungsumstellung zur Gewichtsreduktion, Lebensstilveränderungen und eine Bewegungssteigerung (Berg et al., 2014, S. 48; Durrer, 2016, S. 29; DGK/ESC, 2019, S.32-37; DGK/DHL, 2018, S.33). Relevante Aspekte für die ETh finden sich in der folgenden Tabelle:

Es sollte jeweils im Hinblick auf die nachfolgenden Krankheitsbilder auf folgendes geachtet werden:	
bestehende Hypertriglyzeridämie bzw. eine mögliche Dyslipoproteinämie	◆konsequenter Verzicht auf Alkohol (Hauner et al., 2019, S. 394; DGK/ESC/EAS, 2019, S. 37) ◆regelmäßige Aufnahme von vor allem fetten Fischsorten und hochwertigen pflanzlichen Ölen (wie Rapsöl) zur Aufnahme der wertvollen ungesättigten Omega-3-Fettsäuren, da diese bei der Senkung der Triglyzeride unterstützen (DGK/ESC/EAS 2019, S. 37) ◆maßvoller Konsum von rotem mageren Fleisch, ideal gegart oder gegrillt, Transfette meiden, Nüsse und Körner gelten, ungesalzen, als geeignet um Einfluss auf die Blutfettwerte zu nehmen (DGK/ESC/EAS 2019, S.35)

eine mögliche Hypertonie bzw. der familiäre Vorbelastung	◆ deutliche Einschränkung des Genusses von Alkohol (Hauner et al., 2019, S. 395) ◆ Reduzierung der Kochsalzzufuhr auf auf max. 6g/d , da die Kausalität zwischen einer erhöhten Kochsalzzufuhr und Hypertonie eindeutig ist (Strohm et al. 2016, S. 68) ◆bei manifester Hypertonie, Begrenzung der Kochsalzzufuhr auf <5g/d (Hauner et al., 2019, S.395)
zur Prävention von kvE, wie Arteriosklerose und im Hinblick auf die familiäre Historie	◆vorrangiger Verzehr von hochwertigen Ölen erwünscht. Besonders die mediterrane Kostform erscheint die Geeignetste, da diese das Risiko für kvE deutlich senkt (Estruch et al., 2013, S. 1279) ◆Empfehlung einer reduzierten Kalorienaufnahme , um übermäßiges Körpergewicht zu senken (DGK/ESC, 2019, S. 22)
eine abdominale Adipositas und mögliche Komorbidiäten IR und DTM2	◆Mäßigung der Alkoholaufnahme, da er die Fettverbrennung reduziert und zur Appetitsteigerung führt, was im Fall einer Adipositas kontraproduktiv ist (Freedhoff & Sharma, 2012, S. 39; DGK/ESC 2019, S. 22) ◆ Einhaltung eines Energiedefizites, zur Gewichtsreduktion, entweder durch Reduktion des Fett- oder Kohlenhydratanteils oder einer Kombination aus beidem (Berg et al. 2014, S. 48) ◆zunächst beginnend Reduktion des Fettanteils, wobei auf eine ausreichende Menge gewünschter ungesättigter Fette geachtet werden soll, zusätzlich Reduzierung von schnell absorbierbaren Kohlenhydraten zu Gunsten Komplexer, wie Ballaststoffe (Hauner et al., 2019, S. 393) ◆Aufnahme von mindestens einer Ballaststoffmenge von 30 g/d (Hauner et al., 2019, S. 388)

Tabelle 4: wichtige Aspekte der individuellen Ernährungsempfehlungen – eigene Darstellung, in Anlehnung an die Quellen

Die regelmäßige Aufnahme von Obst und Gemüse hilft sowohl beim Erreichen der erforderlichen Ballaststoffmenge und unterstützt parallel präventiv durch die Aufnahme von Vitaminen bei der Gesunderhaltung. Im Täglichen sollte Herr K. mindestens 1,5 - 2 Liter pro Tag energiearme und zuckerfreie Getränke zu sich nehmen (Hauner et al., 2019, S. 388). Auf alkoholische Getränke sollte er weitestgehend verzichten. Hier bietet sich der Verzehr von alkoholfreiem Bier am Abend als gewohntes Entspannungsritual an. Die ETh empfiehlt, analog den Empfehlungen der LEKuP, Herrn K. auf Basis der voran genannten Aspekte, die vollwertige Ernährungsweise in der mediterrane Kostform. Sie enthält einen hohen Anteil an Gemüse, Obst, Hülsenfrüchten, Olivenöl, fermentierten Milchprodukten, Nüssen, Samen und Fisch. Fleisch, Wurstwaren, Milchprodukte und Fertigprodukte sind weniger vertreten (Hauner et al. 2019, S. 388) Sie ist reich an sekundären Pflanzenstoffen und Antioxidantien, die als protektiv im Bereich von Herz- und Kreislauferkrankungen, aber auch bei oxidativem Stress, ausgelöst durch das Rauchen und den Alkoholkonsum von Herrn K., gelten (Mahdavi & Michel 2020, S. 69-73). Gleichzeitig muss zur Erreichung des Gewichtsziels die Kalorienmenge ohne wesentliche sportliche Betätigung auf ca. 1700 kcal/d begrenzt und vor allem der enthaltene Fettanteil- unter Einhaltung der optimalen Verteilung der Fette- gesenkt werden. Die Verteilung der Makronährstoffe sollte bei Vorliegen von Adipositas und dem MetS in etwa folgende Verteilung aufweisen, an die sich die ETh bei der Erstellung des BEP`s hält:

Makronährstoffe & Anteil an Gesamtenergie/d in Energieprozent(En%)		
	Vollkost (VK)	**Adipositas und MetS**
Kohlenhydrate	50-55 En%	40-55 En%
davon Ballaststoffe	30 g/d	wie VK oder höher
Proteine	15 En%	wie VK oder höher
Fette	30-35 En%	wie VK oder niedriger

Tabelle 5: Verteilung der Makronährstoffe in Anlehnung an Hauner et al. 2019, S. 387-392

4.1 Kalorienreduzierter Ernährungsplan für Herrn K.

Aufbauend auf den bisherigen Ernährungsgewohnheiten und Risikofaktoren des Herrn K. wurde durch die ETh ein BEP für einen Tag erstellt. Dieser umfasst drei Haupt- und zwei Zwischenmahlzeiten und orientiert sich an der mediterranen Ernährungsstrategie.

Menge		Zutaten	kcal	EW g	F g	KH g	Bst' g
		Frühstück					
		Ein leckeres und gesundes Porridge mit Gojibeeren und Passionsfrucht					
200	Milliliter	Kuhmilch Trinkmilch 1,5% Fett	96	6,8	3	10	0,0
60	Gramm	Haferflocken	221	8,1	4	35	6,0
10	Gramm	Gojibeeren	32	1,1	0	5	1,3
5	Gramm	Leinsamen	24	1,1	2	0	1,1
50	Gramm	Passionsfrucht / Maracuja (1 Frucht)	34	1,2	0	5	0,7
5	Gramm	Erdnussöl	44	0,0	5	0	0,0
200	Milliliter	Kaffee (Getränk)	4	0,4	0	1	0,0
120	Gramm	Banane roh (1 Banane)	112	1,4	0	24	2,4
		Zwischensumme	**566**	**20,1**	**15**	**80**	**11,5**
		Zwischenmahlzeit					
1	Stück	Reiswaffel	3	0,1	0	1	0,0
20	Gramm	Walnüsse (ca. 5 Stück)	145	3,2	14	1	0,9
300	Milliliter	Natürliches Mineralwasser	0	0,0	0	0	0,0
		Zwischensumme	**148**	**3,3**	**14**	**2**	**0,9**
		Mittagessen					
		2 Vollkorn-Sandwich mit Lachs auf Frischkäse-Füllung, frischer Gurke und Tomaten als Belag					
110	Gramm	Roggenvollkornbrot (2 Scheiben)	230	8,0	1	43	8,9
80	Gramm	Lachs, gegart, in Scheiben geschnitten	139	16,0	8	0	0,0
25	Gramm	Frischkäsezubereitung mind. 20% Fett i. Tr.	28	3,0	1	1	0,0
5	Gramm	SCHNITTLAUCH	1	0,2	0	0	
20	Gramm	Gurke roh	3	0,1	0	0	0,2
40	Gramm	Tomate	8	0,4	0	1	0,4
		etwas Pfeffer					
250	Milliliter	Natürliches Mineralwasser	0	0,0	0	0	0,0
		Zwischensumme	**408**	**27,7**	**11**	**45**	**9,5**
		Vesper					
250	Milliliter	Kaffee (Getränk)	5	0,5	0	1	0,0
10	Gramm	Bitterschokolade	42	1,2	2	5	1,4
		zzgl. gemischter Knabberplatte, bestehend aus:					
50	Gramm	Gurke	7	0,3	0	1	0,3
50	Gramm	Paprika rot	22	0,6	0	3	1,8
50	Gramm	Karotte	17	0,5	0	2	1,8
30	Gramm	Hummus-Dipp, Natur, zur Gemüseplatte	69	1,3	6	2	1,5
200	Milliliter	Natürliches Mineralwasser	0	0,0	0	0	0,0
		Zwischensumme	**161**	**4,5**	**8**	**15**	**6,8**
		Abendessen					
		Hähnchenbrust an Reis und einem Mix aus gedünstetem Gemüse, mediterrane Art					
40	Gramm	Reis ungeschält roh - Gargewicht ca. 120g	142	3,1	1	30	0,9
100	Gramm	Brathähnchen Brustfilet	102	23,5	1	0	0,0
20	Gramm	Zwiebeln	6	0,2	0	1	0,3
50	Gramm	Zucchini	12	1,0	0	1	0,6
50	Gramm	Aubergine	10	0,6	0	1	0,7
50	Gramm	Gemüsepaprika rot	22	0,6	0	3	1,8
50	Gramm	Tomaten	10	0,5	0	1	0,6
10	Gramm	Olivenöl	88	0,0	10	0	0,0
2	Stücke	Rosmarin	1	0,0	0	0	0,1
1	Prise	Kräutermischung	1	0,0	0	0	0,1
		etwas Pfeffer					
50	Gramm	1/2 Apfel	33	0,2	0	7	1,0
250	Milliliter	Natürliches Mineralwasser	0	0,0	0	0	0,0
		Zwischensumme	**426**	**29,9**	**12**	**45**	**6,0**
		Abendgetränke					
250	Milliliter	Entspannungstee	3	0,3	0	0	0,3
		Zwischensumme	**3**	**0,3**	**0**	**0**	**0,3**
		Gesamt	**1712**	**85,7**	**60**	**187**	**35,0**

Abbildung 3: Kalorienreduzierter Ernährungsplan - Eigene Darstellung mit der Software PRODI® 6.12

Die erforderliche Kalorienbegrenzung konnte am Beispieltag sehr gut dargestellt werden. Sowohl die Makro- als auch die Mikronährstoffversorgung des Herrn K. ist damit gewährleistet. Nach erfolgtem Beratungsgespräch und Abgleich mit dem Patienten kann durch die ETh dieser Plan beispielhaft auf weitere Tage ausgeweitet und angepasst werden. Auch konnte die gewünschte Berücksichtigung der erforderlichen Ballaststoffzufuhr und Qualität der Fette, berücksichtigt werden. Herr K. kann seine Mittagsmahlzeit als auch die Snacks, sehr gut zu Hause vorbereiten und im Büro verzehren. Die nachfolgende Tabelle zeigt die Verteilung der Makronährstoffrelation am Beispieltag. Es wurden, ohne separate Würzung mit Salz, nur 1,05 g an diesem Tag verbraucht.

Makronährstoffe/Elektrolyte & Anteil an Gesamtenergie pro Tag in Energieprozent (En%)		
	Adipositas und MetS	erreicht im BEP für Herrn K.
Energiewert		1712 kcal (7180kJ)
Kohlenhydrate	40-55 En%	43,76 En%
davon Ballaststoffe	30g/d oder höher	36,9 g/d
Proteine	15 En% oder höher	20,1 En%
Fette	30-35 En% oder niedriger	32,14 En%
davon SFA	max. 10 En%	11,45 g ≈6 En%
davon MuFa	mind. 10 En%	18,11 g ≈10 En%
davon PUFA	7-10 En%	17,09 g ≈ 9 En%
Kochsalz (NaCl)	< 6g/d (≤5g/d bei Hypertonie)	1,05g

Tabelle 6: Gewünschte und erreichte Makronährstoffe inklusive Kochsalz – eigene Darstellung in Anlehnung an Hauner et al. 2019, S. 387-392)

5. Bewegungs- und Verhaltenstherapie als weitere Komponenten der Basistherapie

Der Schwerpunkt dieser Fallstudie liegt auf der Erstellung eines Ernährungskonzeptes, daher wird der Bereich der Bewegungs- und Verhaltenstherapie nur kurz dargestellt. Kombiniert Herr K. hypokalorische Kost mit Bewegung führt das durch den erhöhten Energieverbrauch zu einer negativen Energiebilanz, positiven Effekten der Adipositasprävention oder der damit assoziierten Folgeerkrankungen. Er wird damit die größten Effekte erzielen (Berg et al. 2014, S. 50; Hauner & Wirth 2013, S. 294). Auch kann er damit seinen jobbedingten Stress abbauen. Die ETh wird ihm daher nahelegen, dass er jede Alltagsgelegenheit, wie Treppensteigen, nutzen soll um sich zusätzlich zu bewegen (Hauner, 2018, S.38). Ideal wäre fünf Mal in der Woche für ca. 30 Minuten einer mäßig sportlichen Aktivität, wie Schwimmen, Radfahren, Laufen oder Kardiotraining im Studio nach ärztlicher Abklärung, nachzugehen. Langfristig, zum Abbau seines viszeralen Fettes, muss er die Sportintensität oder die Dauer der Sporteinheiten auf bis zu 300 min. pro Woche steigern (Durrer, 2016, S.36). Hilfreich sind Schrittzähler, als App auf dem Handy, mit einem mittelfristigen Schrittziel von 10000 Schritten pro Tag im Durchschnitt in der Woche (Durrer, 2016, S. 37). Im Rahmen der Verhaltenstherapie empfiehlt die ETh Herrn K., das Führen eines Ess- und Bewegungstagebuches mit Visualisierung der Gewichtskurve durch regelmäßiges Wiegen. Dies kann motivierend wirken und sowohl Herrn K. als auch der Therapeutin einen Eindruck von für ihn schwierigen Situationen machen.

6. Diskussion

Der BEP zeigt die Umsetzung der präferierten energiereduzierten mediterranen Vollkost. Herausfordernd war die Aufteilung der genauen Makronährstoffe, insbesondere der gewünschten Fettverteilung. Ziel soll es jedoch nicht sein, täglich genauso einen BEP aufzustellen. Das ist im Alltag für Herrn K. nicht praktikabel. Die Umsetzung sollte stets mit der Lebenswirklichkeit, den Gewohnheiten und Vorlieben des Patienten in Einklang gebracht werden, denn nur so kann Ernährungsumstellung gelingen (Hauner, 2021, S. 688). Mittels Unterstützungsmaterialien wie Tellervorlagen[8] kann Herrn K. die Größe und die Aufteilung der Portionen verdeutlicht werden und so als Hilfestellung im Alltag, insbesondere zur Reduktion der Portionsgrößen dienen (Berg et al., 2014, S. 79). Zielführend ist, dass Herr K. Zusammenhänge von Essen und Gefühlen, wie Stress, erkennt und Alternativen zur Bewältigung kennt (Hauner & Wirth, 2013, S. 311f). So wird er befähigt, sein Gewicht nach der Reduktion langfristig stabil zu halten. Da die Motivation und Compliance des Patienten entscheidend für den Erfolg ist, sollte dies immer eine Interaktion sein (Hauner & Wirt, 2013, S. 313). Herr K. muss Einsicht in die Notwendigkeit und Sinnhaftigkeit der Gewichtsreduktion haben. Wichtig ist auch der Einbezug des persönlichen Umfeldes zur Unterstützung des Patienten. Die Ehefrau sollte Kenntnis über die modifizierten Ernährungsvorschläge erlangen (Berg et al., 2014, S.45). Da die Therapie der Ernährungsberatung nur für einen begrenzten Zeitraum erfolgt, wird Herrn K. empfohlen, sich anschließend einem von seiner Krankenkasse unterstützten Programm anzuschließen. Beispiel sind „Abnehmen mit Genuss" der AOK oder das Programm der DGE „Ich nehme ab".

7. Fazit

Herr K. verfügt nach seiner Ernährungsberatung über ein umfangreiches Wissen zur Notwendigkeit seiner Gewichtsreduktion. Die dafür erforderliche Senkung der täglichen Kalorienaufnahme ist durch den BEP für ihn und seine Ehefrau transparent und anschaulich dargestellt worden. Das Angebot zu einem gemeinsamen Gespräch mit seiner Frau sollte die emotionale Unterstützung im Abnehmprozess deutlich erhöhen. Die Diagnose des Herrn K. ist zum jetzigen Zeitpunkt nicht eindeutig formulierbar. Es besteht der Verdacht eines MetS, da eine abdominale Adipositas und Erhöhung der Triglyzeride vorliegen. Sollte mittels 24-h Blutdruckmessung eine manifeste Hypertonie festgestellt werden, ist die Diagnose validiert. Weitere Laborparameter zur Abklärung anderer Krankheitsbilder sind abzuwarten. Unerlässlich ist, dass Herr K. Gewicht reduziert, Sport in seinen täglichen Ablauf integriert und Entspannungsprogramme zum Stressabbau für sich findet, um diesen nicht durch erhöhte Nahrungsaufnahme zu kompensieren. Die Fallstudie hat deutlich gezeigt, dass Adipositas mit hohen Risiken für Komorbiditäten verbunden ist. Langfristig wird eine Mischung aus gesunder Ernährung, wie es die DGE mit den 10 Regeln der gesunden Ernährung[9] empfiehlt, sowie Sport dazu führen, dass Herr K. sein Gewicht stabilisiert. In Zeiten von nachlassender Motivation oder einem erneutem Gewichtsanstieg empfiehlt ihm die ETh eine erneute Kontaktaufnahme zu ihr. Wichtig für ihn sind in jedem Fall kleine und realistische Zielsetzungen, die Unterstützung aus dem sozialen Umfeld und die Selbsterlaubnis Fehler machen zu dürfen, um die Motivation nicht zu verlieren.

---

[8] weiterführende Informationen im Sonderheft des Bundeszentrums für Ernährung (BZfE) mit dem Titel: Mahlzeiten gestalten, Beratung mit den Tellervorlagen, Bestellnummer: 3416/2021
[9] Die 10 Regeln der DGE dienen der Information zur vollwertigen Ernährung um gesund erhaltend zu trinken und zu essen (Mahdavi & Michel, 2020, S. 81)

V. Literaturverzeichnis

Becker, U. & Leitzmann, C. (2018). Ernährung in Deutschland: Situation, Trends. In R. Stange & C. Leitzmann (Hrsg.), *Ernährung und Fasten als Therapie* (S. 51–69). Springer – Verlag GmbH. https://doi.org/10.1007/978-3-662-54475-4_4

Alberti, K. G. M. M., Eckel, R. H., Grundy, S. M., Zimmet, P. Z., Cleeman, J. I., Donato, K. A., Fruchart, J.-C., James, W. P. T., Loria, C. M., & Smith, S. C. (5. Oktober 2009). Harmonizing the metabolic syndrome: a joint interim statement of the International Diabetes Federation Task Force on Epidemiology and Prevention; National Heart, Lung, and Blood Institute; American Heart Association; World Heart Federation; International Atherosclerosis Society; and International Association for the Study of Obesity. *Circulation, 120*(16), 1640–1645. https://doi.org/10.1161/CIRCULATIONAHA.109.192644 https://www.ahajournals.org/doi/epub/10.1161/CIRCULATIONAHA.109.192644

Altiok, E., Marx, N., Brandenburg, V., Stierle, U., Schwabe, K. Giannitsis, E., Krautzig, S., Renz-Polster, H. & Schneider, I. (2018) Arterielle Hypertonie. In J. Braun, D. Müller-Wieland, H. Renz-Polster, S. Krautzig, E. Altiok, B. Bätge, B. Böll & V. Brandenburg (Hrsg.), *Basislehrbuch: Innere Medizin* (6. Auflage) (S. 164-180). Elsevier

Berg, A., St. Bischoff, Colombo-Benkmann, M., Ellrott, T., Hauner, H [H.], Heintze, C., Kanthak, U., Kunze, D., Stefan, N., Teufel, M. Wabisch, M. & Wirth, A. (April 2014). *S3-Leitlinie Interdisziplinäre Leitlinie der Qualität S3 zur „Prävention und Therapie der Adipositas"* (AWMF- Register Nr. 050/001). DAG, DDG, DGE; DGEM. (Hrsg.) https://www.awmf.org/uploads/tx_szleitlinien/050-001l_S3_Adipositas_Pr%C3%A4vention_Therapie_2014-11-abgelaufen.pdf

Biesalski, H. K., Grimm, P. & Nowitzki-Grimm, S. (2020). *Taschenatlas Ernährung* (8. Auflage). Georg Thieme Verlag. https://doi.org/10.1055/b-006-162309

Bischoff, St. C. (2018). Adipositas Labordiagnostik und weitere Untersuchungen. In H. K. Biesalski, G. Bischoff, M. Pirlich, & A. Weimann (Hrsg.), *Ernährungsmedizin: Nach dem Curriculum Ernährungsmedizin der Bundesärztekammer: Grundlagen der Ernährung* (5. Auflage), (S.619-637). Georg Thieme Verlag.

Branca, F., Nikogosian, H. & Lobstein, T. (2007). Die Herausforderung Adipositas und Strategien zu ihrer Bekämpfung in der Europäischen Region der WHO: Zusammenfassung. Weltgesundheitsorganisation. (Hrsg.) https://www.euro.who.int/__data/assets/pdf_file/0003/98247/E89858G.pdf

Deutsche Gesellschaft für Kardiologie-, Herz- und Kreislaufforschung e.V. (DGK) & Deutsche Hochdruckliga e.V. (DHL) (Hrsg.). (2018). *ESC/ESH Pocket Guidelines: Management der arteriellen Hypertonie. Version 2018.* https://leitlinien.dgk.org/files/28_2018_pocket_leitlinien_arterielle_hypertonie.pdf

Deutsche Gesellschaft für Kardiologie-, Herz- und Kreislaufforschung e.V. (DGK) & European Society of Cardiology (ESC) (Hrsg.). (2019). *ESC Pocket Guidelines: Diabetes, Prädiabetes und kardiovaskuläre Erkrankungen.* https://leitlinien.dgk.org/files/29_2019_pocket_leitlinien_diabetes.pdf

Deutsche Gesellschaft für Kardiologie-, Herz- und Kreislaufforschung e.V. (DGK) (Hrsg.). (2019) *ESC/EAS Pocket Guidelines: Diagnostik und Therapie der Dyslipidämien.* https://leitlinien.dgk.org/files/19_2019_pocket_leitlinien_dyslipidaemien_korrigiert.pdf

Deutsche Gesellschaft für Nephrologie e.V. (28. September 2018). *Wie lässt sich eine chronische Nierenkrankheit aufhalten?* https://idw-online.de/de/news703089

Durrer, D. (2016). Konservative Behandlungsmethoden. In Schweizerische Gesellschaft für Endokrinologie und Diabetologie, SGED. (Hrsg.) *Adipositas Consensus 2016.* (S. 29-39) https://www.sgedssed.ch/fileadmin/user_upload/1_ueber_uns/15_ASEMO/2017_05_30_consensus_FINAL_d.pdf

Elbelt, U. (2018). Metabolisches Syndrom. In H. K. Biesalski, G. Bischoff, M. Pirlich, & A. Weimann (Hrsg.), *Ernährungsmedizin: Nach dem Curriculum Ernährungsmedizin der Bundesärztekammer: Grundlagen der Ernährung* (5. Auflage), (S.661-663). Georg Thieme Verlag.

Elmadfa, I. & Leitzmann, C. (2019). *Ernährung des Menschen* (6. Auflage). utb GmbH https://doi.org/10.36198/9783838587486

Elmadfa, I. & Meyer, A. L. (2021). *Die richtige Ernährung bei Gicht: Mit über 800 Harnsäurewerten* (4. Auflage). Gräfe und Unzer.

Estruch, R., Ros, E., Salas-Salvadó, J., Covas, M.-I., Corella, D., Arós, F., Gómez-Gracia, E., Ruiz-Gutiérrez, V., Fiol, M., Lapetra, J., Lamuela-Raventos, R. M., Serra-Majem, L., Pintó, X., Basora, J., Muñoz, M. A., Sorlí, J. V., Martínez, J. A., & Martínez-González, M. A. (2013). Primary prevention of cardiovascular disease with a Mediterranean diet. *The New England journal of medicine, 368*(14), 1279–1290. https://doi.org/10.1056/NEJMoa1200303

Freedhoff, Y. & Sharma, A. M. (2012). *Best weight: Ein Leitfaden für das Adipositas-Management in der Praxis.* Pabst Science Publishers.

Gillessen, A. (2016). Erhöhte Leberwerte abklären. *CME Continuing Medical Education, 13*(4), 9–20. https://doi.org/10.1007/s11298-016-5550-4

Hahn, A., Ströhle, A., Wolters, M., Behrendt, I. & Heinen, D. (2016). *Ernährung: Physiologische Grundlagen, Prävention, Therapie* (3. Auflage). Wissenschaftliche Verlagsgesellschaft.

Harris, J. A. & Benedict, F. G. (1918). A Biometric Study of Human Basal Metabolism. *Proceedings of the National Academy of Sciences of the United States of America, 4*(12), 370–373. https://doi.org/10.1073/pnas.4.12.370

Hauner, H. (5. September 2018). Prävention und Therapie der Adipositas. *der junge Zahnarzt* (03), 36–39. https://doi.org/10.1007/s13279-018-5604-y

Hauner, H. (2021). Evidenz in der Ernährungstherapie des Diabetes mellitus. *Der Diabetologe*, *17*(6), 687–696. https://doi.org/10.1007/s11428-021-00784-2

Hauner, H., Beyer-Reiners, E., Bischoff, G., Breidenassel, C., Ferschke, M., Gebhardt, A., Holzapfel, C., Lambeck, A., Meteling-Eeken, M., Paul, C., Rubin, D., Schütz, T., Volkert, D., Wechsler, J., Wolfram, G. & Adam, O. (2019). Leitfaden Ernährungstherapie in Klinik und Praxis (LEKuP). *Aktuelle Ernährungsmedizin*, *44*(06), 384–419. https://doi.org/10.1055/a-1030-5207

Hauner, H., Wirth, A. (2013). *Adipositas*. Springer Berlin Heidelberg. https://doi.org/10.1007/978-3-642-22855-1

Hermann, R. (n.d.). *Krankheitsbild von Übergewicht und Adipositas: Metabolisches Syndrom.* Deutsche Gesellschaft für Ernährung e.V. (DGE). https://www.station-ernaehrung.de/fach-informationen/spezielle-kostformen/uebergewicht-und-adipositas-im-erwachsenenalter/krankheitsbild/

International Diabetes Federation (Hrsg.). (2006). *The IDF consensus worldwide definition of the METABOLIC SYNDROME.* https://www.idf.org/component/attachments/attachments.html?id=705&task=download

Keerl, C. & Bernsmeier, C. (15.Oktober 2020). Erhöhte Leberwerte – Zufallsbefund in der Hausarztpraxis [Elevated liver function tests - as incidental finding in general practice]. *Therapeutische Umschau. Revue therapeutique*, *77*(8), 371–378. https://doi.org/10.1024/0040-5930/a001206

Krawinkel, M.-B. (2018). Untergewicht und Hungerstoffwechsel. In H. K. Biesalski, G. Bischoff, M. Pirlich, & A. Weimann (Hrsg.), *Ernährungsmedizin: Nach dem Curriculum Ernährungsmedizin der Bundesärztekammer: Grundlagen der Ernährung* (5. Auflage), (S. 728-739) Georg Thieme Verlag.

Kreymann, K.-G. (2018). Grundlagen der Ernährung. In H. K. Biesalski, G. Bischoff, M. Pirlich, & A. Weimann (Hrsg.), *Ernährungsmedizin: Nach dem Curriculum Ernährungsmedizin der Bundesärztekammer: Grundlagen der Ernährung* (5. Auflage), (S.76-88). Georg Thieme Verlag.

Mahdavi, T. & Michel, M. (2020). *Die Nährstoffe - Bausteine für Ihre Gesundheit* (5. Auflage). Deutsche Gesellschaft für Ernährung (DGE).

Parhofer, K. G. & Laufs, U. (2019). The Diagnosis and Treatment of Hypertriglyceridemia. *Deutsches Arzteblatt international*, *116*(49), 825–832. https://doi.org/10.3238/arztebl.2019.0825 https://www.aerzteblatt.de/pdf.asp?id=211099

Pilz, S., Theiler-Schwetz, V., Malle, O., Steinberger, E. & Trummer, C. (28. August 2020). Hypothyreose: Guidelines, neue Erkenntnisse und klinische Praxis. *Journal für Klinische Endokrinologie und Stoffwechsel*, *13*(3), 88–95. https://doi.org/10.1007/s41969-020-00114-9

Pschiebl, S. (10. März 2021). Gewichtsreduktion bei Adipositas. *ErnährungsUmschau*(03), 19–20. https://www.ernaehrungs-umschau.de/print-artikel/10-03-2021-gewichtsreduktion-bei-adipositas/

Ravarani, L., Krone, W. & Faust, M. (19. April 2017). Die Säulen der lipidsenkenden Therapie. *Info Diabetologie, 11*(2), 36–42. https://doi.org/10.1007/s15034-017-0972-y

Robert-Koch-Institut. (n.d.). *Hypertonie (Bluthochdruck).* https://www.rki.de/DE/Content/Gesundheitsmonitoring/Themen/Chronische_Erkrankungen/Hypertonie/Hypertonie_node.html

Schaller, K., Effertz, T., Gerlach, St., Grabfelder, M. & Müller, M.J. (2016). Prävention nicht übertragbarer Krankheiten – eine gesamtgesellschaftliche Aufgabe, Deutsche Allianz nicht übertragbarer Krankheiten (DANK). (Hrsg.) https://www.dank-allianz.de/files/content/dokumente/DANK-Grundsatzpapier_ES.pdf

Schek, A. (2017). *Ernährungslehre kompakt: Kompendium der Ernährungsehre für Studierende der Ernährungswissenschaft, Medizin, Naturwissenschaften und zur Ausbildung von Ernährungsfachkräften* (6. Auflage). Umschau Zeitschriftenverlag GmbH.

Schienkiewitz, A., Mensink, G.B.M., Kuhnert, R. & Lange, C. (2017). Übergewicht und Adipositas bei Erwachsenen in Deutschland. *Journal of Health Monitoring*, 2(2), 21–28. https://doi.org/10.17886/RKI-GBE-2017-025

Silbernagl, S. & Lang, F. (2020). *Taschenatlas Pathophysiologie*. (6. Auflage). Georg Thieme Verlag. https://doi.org/10.1055/b-007-168903

Strohm, D, Boeing H., Leschik-Bonnet E., Heseker H., Arens-Azevêdo U., Bechthold A., Leonie Knorpp & Anja Kroke (März 2016). Speisesalzzufuhr in Deutschland, gesundheitliche Folgen und resultierende Handlungsempfehlung: Wissenschaftliche Stellungnahme der Deutschen Gesellschaft für Ernährung e. V. (DGE). *ErnährungsUmschau* (03), M146-M154. https://www.ernaehrungs-umschau.de/fileadmin/Ernaehrungs-Umschau/pdfs/pdf_2016/03_16/EU03_2016_M146-M154.pdf

Weimann, A., Schütz, T., Ohlrich-Hahn, S., Fedders, M. & Grünewald, G. (2019). *Ernährungsmedizin, Ernährungsmanagement, Ernährungstherapie: Interdisziplänerer Praxisleitfaden für die klinische Ernährung* (2. Auflage). ecomed Medizin.

World Health Organization. (2000). *Obesity: preventing and managing the global epidemic. Report of a WHO consultation.* WHO Technical Report Series 894. Geneva https://apps.who.int/iris/bitstream/handle/10665/42330/WHO_TRS_894.pdf?sequence=1&isAllowed=y

BEI GRIN MACHT SICH IHR WISSEN BEZAHLT

- Wir veröffentlichen Ihre Hausarbeit, Bachelor- und Masterarbeit

- Ihr eigenes eBook und Buch - weltweit in allen wichtigen Shops

- Verdienen Sie an jedem Verkauf

Jetzt bei www.GRIN.com hochladen und kostenlos publizieren